家居风格系列

营造绚烂之家

刘文华 编著

中国人民大学出版社
北京科海电子出版社
www.khp.com.cn

图书在版编目(CIP)数据

营造绚烂之家/刘文华编著.
北京：中国人民大学出版社，2008
（家居风格系列）
ISBN 978-7-300-10045-6

Ⅰ. 营…
Ⅱ. 刘…
Ⅲ. 住宅—室内装饰—建筑设计
Ⅳ. TU241

中国版本图书馆 CIP 数据核字（2008）第 188593 号

家居风格系列
营造绚烂之家
刘文华 编著

出版发行	中国人民大学出版社　北京科海电子出版社		
社　　址	北京中关村大街 31 号	**邮政编码**	100080
	北京市海淀区上地七街国际创业园 2 号楼 14 层	**邮政编码**	100085
电　　话	（010）82896442　62630320		
网　　址	http: //www.crup.com.cn		
	http: //www.khp.com.cn（科海图书服务网站）		
经　　销	新华书店		
印　　刷	北京市雅彩印刷有限责任公司		
规　　格	210 mm×285 mm　16 开本	**版　　次**	2009 年 1 月第 1 版
印　　张	4.25	**印　　次**	2009 年 1 月第 1 次印刷
字　　数	103 000	**定　　价**	22.00 元

前言

家的感觉是什么？你的家是追赶时代的现代潮流，还是返朴归真的田园气息，或者是追求华美的绚烂风光，也许是追求平稳的温馨感觉，甚至是释放自我的个性展示，当然也有可能是褪去繁华的简约风格。一个家，一种格调，一种主张，你了解你的家吗？或者说，你了解你自己的主张吗？

回到家，环顾四周，是否有一种回归自我的感觉？来了访客，你是否可以让自己的家告诉他人，这就是我？朋友聚首，你是否能侃侃而谈，我的家，我的主张……

在陪伴自己一生一世的家中，我们投入了如此多的精力与财力去创造它、完善它。我们在投入这些量化物质的同时，我们也在投入我们的性格，我们的追求与向往。太多的人说过，看一个人的家是什么样子的，就能了解家的主人是什么样子。因此，我们才不遗余力地去折腾我们的房子，为的就是家与人的完美融合。

在社会分工如此细化的今天，我们往往将自己的主张慢慢托付给了别人，比如设计师、朋友，即使最终得到了自己想要的东西，也是只可意会不能言传。这无疑是一种失落，一种对家的感觉，对自己人生的语言失落。

我们提供的不仅仅是一张图片，一种解释，更为主要的，我们是要提供对家的理解，对自己所追求的人生的一种具体彰显，找回我们失落的语言。让你能确实有感觉，确实有想法，确实有说法，言之有物，尽情享受家的畅快。

本套丛书详尽地展示了时下流行的各种家装风格，亦图亦文，让你从中了解自己对家的理解，提前感知自己的家到底是什么样子，从而营造一个带有自己风格品位的家。本套丛书本着服务于大众，满足大众生活需求的宗旨，汇集了当今最新，最流行的家庭装修风格实例，囊括了现代、田园、温馨、简约、绚烂、个性六大主流风格，让你实实在在地触摸到自己家的感觉。

《营造现代之家》现代意味着追求时尚与潮流，身处工业社会的现代人生活似乎也更注重功能化，简洁新颖、时代感极强的现代之家无疑是他们的首选。现代风格彰显时代气息，体现流行之美，自然也备受现代都市人的推崇。

《营造田园之家》让自然生态回到室内，增加幽静、宁静、舒适的田园生活气息，显示自然界的清净本色。崇尚自然、回归自然，富有自然气息的田园风格能让你获得生理和心理的平衡。对那些追求悠闲、舒畅、自然生活情趣的人来说，田园才是唯一的选择。

《营造温馨之家》富丽堂皇，美轮美奂自然是夺人眼球，但是惊叹之余，也许发觉似水柔情更适合自己。比如生活感，比如温情，还有家的那份温馨。一个舒适自然的小家，满眼的温馨，让人心生美好。在这样一个家里，总能心情平和、充满暖意，犹如春风拂面，一不小心就会深深沉醉其中。

《营造简约之家》简约不等于简单，时下“简约之风”风靡全球，家居生活我们崇尚简洁与精致，渴望回归平实，享受惬意。简约是一种生活情趣，在喧嚣都市里，让我们的生活空间更自然、纯净、简明、清新而宁静。

《营造绚烂之家》雍容华贵自有迷人之处，繁华绚丽自然让人如痴如梦，让梦想成真，也许这就是儿时魂牵梦萦的宫殿，属于自己的宫殿。把各种象征豪华的设计嵌入装修之中，不染一丝尘埃，让自己的生活为之绚烂，为之精彩。

《营造个性之家》个性的张扬，品位的独到，让人叹为观止的创意。一切只为让你明白：没有做不到，只有想不到。无规则的空间变化，色彩与光的大胆创造，无不体现了一种无拘无束的自我释放。个性的极致张扬，本身就是一种美。

目录

CONTENTS

风格寄语

绚烂的色彩，浪漫的情调，充满想象的空间，这不仅仅应该存在我们心中，更应该实实在在地出现在我们的生活之中。浓妆艳抹只不过是庸俗粉黛，而不加修饰则不谛于暴殄天物，只有绚烂才是真正的浪漫情怀，才是家应有的颜色！人们天生就喜欢美丽、多姿多彩，否则也不可能有如此众多的色彩存在于我们生活之中。对于我们日常生活、居住的空间，我们没有理由不善待它，丰富它。

变化丰富的色彩被越来越多的运用到现代家居装修中，不仅仅是因为它们的美艳，带给我们的感观刺激，更为重要的是它们体现了一种活力，一种激情。与以往较为单一的家居风格不同，绚烂家居风格运用浓郁的色彩变化营造出多姿多彩的空间变换，体现了对生活的无限热情与活力。也许你还记得儿时对童话世界的向往，也许你不会忘记对精美芭比的赞叹，或许你还不曾忘记那五光十色的多彩之秋……不如将这些统统装进自己的家中，让绚烂的美丽时刻伴随在自己的左右。对一个喜爱生活的人来说，绚烂的色彩似乎是永远无法抗拒的诱惑。

上图 用带有花纹的大理石作为地面装饰是这个客厅的一大特色，显得华贵靓丽，略带欧式风格的家具也给空间带来了造型上的华丽感。

右中图 璀璨的水晶吊灯给整个空间都带来了夺目的绚烂光芒，玻璃家具的使用让这种绚烂发挥到了极致。

左图 玻璃与灯光的搭配是营造出绚丽效果的有效手段之一，也是装修中常用的设计手法。

左图 只有在欧式建筑中才能看到的巨大拱形门让空间显得大气十足，精致的壁灯与金色的家具给客厅带来了华贵的气质。

小贴士

通常居室中并不需要放置太多的家具。过多的家具并不一定代表华贵，反而会给人带来拥挤、狭窄的感觉。不同功能房间的摆设既相互关联，形成整体，又具备各自独立的功能区域，但要以起居室的装饰风格为主调，协调其他房间。

右下图 带有欧式风情的空间，简洁的吊顶，华贵的金色，璀璨的吊灯与华丽的墙面装饰，整个空间简单却又贵气逼人。

左上图 简洁的空间利用拼图的设计对墙面进行装饰，几乎没有作什么渲染的空间因为灯光的设计而变得靓丽起来。

右上图 客厅通过绚烂的水晶吸顶灯与墙面嵌入式的灯光设计给空间带来了非常靓丽的色彩，搭配欧式的家具更凸显空间的华丽。

右上图　圆形的大小吊顶是客厅的最大亮点，圆弧四周都设计了壁灯搭配绚烂的吊灯将空间点缀的极富色彩变化。

左下图　华丽的空间由于有了整面的玻璃墙面的反射，更显得富丽堂皇，整个空间的视觉效果绚丽异常。

小贴士

绚烂的色彩和斑斓的花纹会给枯燥的都市人群带来活跃的心情。因而深得那些对人生充满斗志、主张表达自我和个性的人士青睐。在装修选配家居色彩时，往往会挑选一组五彩斑斓花纹的窗帘置于阳台或卧室，以求最大限度地在居室环境中展示自我，诠释内心。

左上图　绚丽的客厅，高大的黄色灯光背景墙在窗帘与水晶吊灯的搭配下，将客厅映射得五光十色。

右中图　巨大的别致吊灯与环绕在四周的壁灯一起，成为了客厅中最耀眼的风景，也带来了空间上的靓丽变化。

左下图　水晶灯上部吊顶内四周的彩色壁灯与外部的直射壁顶犹如主吊灯的背景灯光，让空间沐浴在五彩的灯光世界之中。

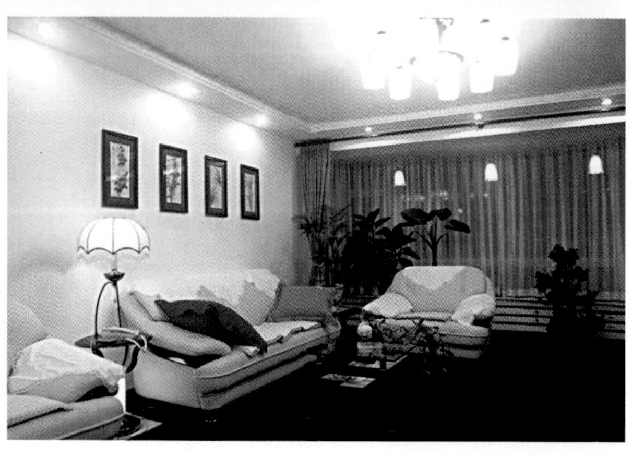

右上图 设计得相当别致，通透的玻璃搭配绚丽的吊顶，使空间拥有了一份精致的靓丽效果。

右下图 客厅中绚烂的彩色顶灯与镜面般的地面交相辉映，给客厅增添了几分绮丽的色彩。

小贴士

灯光是创造居家气氛的要素，通过不同灯光投射产生的层次感，给室内风貌带来多种变化。在室内空间通过集中式、辅助式及普照式灯光的组合，作相互的搭配，形成适当光圈，产生良好的阴影及对比效果，自然能营造出理想的家居气氛。

左上图 装修的清新淡雅的客厅，通过黄色的灯光带来空间的色彩变化，给人一种富贵的感觉。

左下图 富贵的客厅设计，充满了靓丽的玻璃与华贵的金色，背景墙用灯光做了很好的烘托，背景之中还有背景，整个空间充斥着华丽与绚烂的效果。

右下图 古典的木质楼梯上方是华贵的吊灯，不仅增添了空间的色彩变化，也将沉闷一扫而光。

小贴士

色彩在家庭装修中是很重要的。可以通过结合居室环境，疏密相间，错落有致，色彩相宜进行布置，来达到丰富景色空间，增加美感的目的。在装修中，要避免整齐划一，形体重复，凡是视线所及的景观面，都应有良好的观赏效果，即使是一块空白，也能蕴涵无限情趣。

左中图 靓丽的水晶吊灯，华丽的欧式沙发组合，洁白而富有华贵感的家具将欧式风格的雍容华贵演绎到了极致。

左下图 无论是整体造型还是细节之处，无不散发着欧式的华丽之气，灯光的色彩也将客厅笼罩在金黄的富贵之中。

左上图 客厅大面积的落地窗帘非常气派，布艺沙发组合有着丝绒的质感，将传统欧式家具的奢华与现代家居的实用性很好地结合起来，繁星点点的灯光设计则给开放式的客厅空间带来了灿烂的灯光效果。

右下图 华丽的吊灯、真皮的沙发、田园的立面加上灯光的映射，都显示出空间的绚烂。

小贴士

集中式光源的灯光为直射灯，以集中直射的光线照射在某一限定区域内，让你能更清楚地看见正在进行的动作，尤其是在工作、阅读、烹调、用餐时，更需要集中式的光源。主要有如聚光灯、轨道灯、工作灯等。

左上图 巨大的圆形吊顶与现代的筒状吊灯成为了整个空间的主宰，洁白的扶手与晶莹的玻璃栏杆更是将这种华贵之气散发到极致。

右下图 金色的装饰与欧式风格结合在一起，带来了一个金壁辉煌的“宫殿”，帝王的尊贵也在寻常之间。

上图 华丽的吊灯主宰了整个空间的基调，家具没有了雍容华贵，倒有几分简约风情，玻化砖的空间装饰形成的镜面效果提升了空间的明亮之感。

左下图 欧式沙发的华贵与吊灯的靓丽相辅相成，富贵之气油然而生。

右下图 惊艳的墙面背景装饰，搭配色彩淡雅的布艺沙发，让客厅处于艳丽的色彩包围之中。

小贴士

眼睛长时间处于集中式光源环境下，容易感到疲劳，因此需要辅助式光源，如立灯、书灯等来调和室内的光差，好让双眼感到舒适。辅助式光源的灯光属扩散性光线，其散播到屋内各个角落的光线都是一样的。

左上图　古朴的传统风格也能营造出绚烂的效果，镜面与壁灯的合理使用，使复古的客厅也充满了靓丽的元素。

下图　圆形的吊顶设计与华丽的吊灯搭配一起，巨大的窗户给空间带来了足够的采光效果，而金黄的灯光则给空间带来了皇宫般的感觉。

左上图 对于照明充足的空间来说，玻化砖地面与大理石墙面装饰都能很好地扩大这种灯光烘托出来的灿烂效果。

右中图 纯木质的家具，鲜艳的布艺沙发与窗帘，还有古色古香的欧式吊灯，无不让客厅充满了华贵的色彩。

右下图 靓丽的水晶吊灯为主，顶面周边的壁灯为辅，灯光给客厅以灿烂的感觉。

右上图 高大的空间立面由华丽的大理石装饰起来，简单的家具布置反而成就了只有在中土世纪才能看到的富丽堂皇。

左中、左下图 大理石花纹的贴面，别致的拱形背景，不仅将客厅空间进行了有效的错落布置，也带来了不同寻常的视觉享受。

小贴士

普照式光源主要来自于天花板灯，它通常作为屋内的主灯，也称背景灯，它能将室内的光源提升至一定的亮度，为整个房间提供相同的光线，所以不会产生显著的影子，光线照到及没有照到之处也没有严重的对比。一般来讲，普照式光源不是很亮，与家中其他光源比较起来，它的亮度最低。

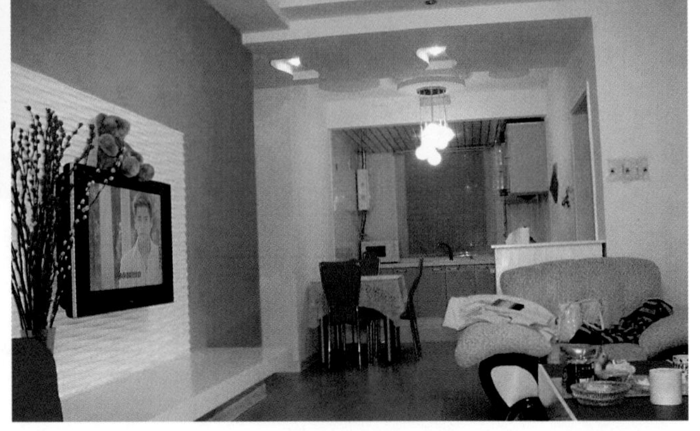

左上图 桔黄色的墙面装饰搭配灯光的点缀而富有生气与活力，也给客厅空间带来了绚烂的效果。

右中图 颜色的充分利用让这个不大的空间的绚烂无比，红色的家具，桔黄色的背景墙还有淡绿色的吊顶，色彩的对比能够增加空间色彩的跳跃，带来无穷的活力。

下图 一个鲜艳的大红地毯就能让整个客厅空间都充满了色彩的艳丽，玻璃茶几也能更好地突出这一效果。

右上图　条纹布艺沙发占据了整个空间的焦点，众多壁灯与吊灯的使用也让原本平凡的客厅变得生动起来。

右下图　空间因为有了通透靓丽的玻璃与鲜艳欲滴的大红色彩而拥有了灿烂的资本，增添了空间的活力。

小贴士

在家居中，如果想用色彩胜出的话，最简单的办法就是用单纯的色调掩盖诸多缺点，另外做颜色的排列游戏，你会发现，这种游戏不仅简单而且有趣。总之，越是简单、单纯、纯粹的颜色，越是经典。这是颠扑不破的真理。

上图　别具一格的背景设计与室内鲜艳的家具色彩相对应，让客厅极其炫目。

左下图　小空间的设计应该是简单为上，而这个空间偏要反其道而行之。一张鲜艳欲滴的玫瑰画，通透感非常好的家具，再搭配上点点灯光设计，并不显得杂乱，反而透露出灿烂的活力。

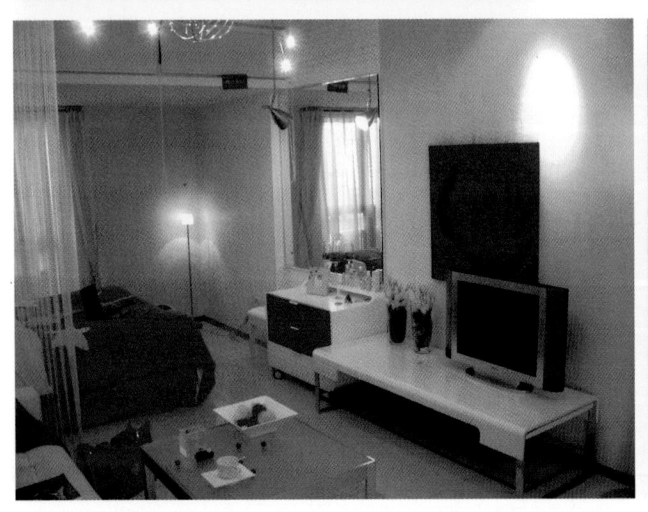

左上图 大面积玻璃的使用，就连地面都铺设上了透明的玻璃，在灯光的映射下，整个客厅显得既晶莹又富有色彩感。

右上图 造型别致的玻璃背景墙在顶面壁灯的照射下，靓丽十足，而电视柜更是将鱼缸的效果挪用过来，显得五彩斑斓。

小贴士

空间的创造，你需要的是灵巧的变换方法。比如是让两种颜色相近还是互补、两种质感是引人注目还是互融，而最稳妥的办法是不管什么样的场合光线，让你的眼睛亮起来，就好像那个可以任意开合的推拉门。

左上图 灯光永远是营造绚烂效果最为便捷的手段，造型别致的装饰经过灯光的映射便成为了客厅空间最为夺目的风景。

小贴士

保持家居空间的灵活多变，让每一件家具都蕴含自由度和搭配潜力，确实不是一件容易的事。但你可以让一个整体化整为零，腾挪拼贴，在有限的空间里进行无限的变化，让随意成为灵活的最大帮手。

上两图 错落有致的壁灯设计让整个空间都点缀着靓丽的灯光，不同的灯光色彩也给客厅带来了别致的灿烂享受。

左下图 大气的空间设计，透明玻璃材料的使用，还有灿烂的吊灯，都给整个空间带来了非常绚烂的感觉。

右下图 不喜欢色彩浓厚的家居环境可以在某个角落，通过一点点小的设计来营造出局部的靓丽效果，借以点缀整个空间。

右上图　大胆的橙色应用，让客厅空间充满了活力的氛围，也带来了视觉上的强烈冲击。

右中图　田园风格的家具搭配色彩鲜艳的布艺，让空间显得靓丽而富有清新的自然气息。

左下图　布置绚烂家居环境最为直接的方法就是通过家居与家饰来实现，不同色彩的强烈对比，很鲜明地营造出一个色彩浓厚的家居环境。

右上图　有创意的沙发色彩组合能够给客厅空间带来色彩上的变化，增添空间的活力，很便捷地获得一个彩色的空间。

右中图　条纹、木质、彩绘等，软装的大量使用，让客厅变得多姿多彩，极富变幻色彩，充满了灵动的感觉。

小贴士

配饰在空间里看着无用，但摆上去确实漂亮，而且以在配饰上花费心思的程度来决定整体效果，换句话说，整套家居里若没有了配饰就不能算是完整，同时，配饰恰如其分地更换与调配，能让家里总是充满了新鲜的感觉。

右上图 很靓丽的窗帘缦纱，六种不同的颜色组合让小小的空间一下子色彩丰富起来。

左中图 色彩鲜艳的靠枕给客厅空间带来了色彩上的跳跃，为平静的空间增添了些许靓丽效果。

左下图 冷色主调一样能够营造出让人惊叹的效果，绚丽的空间不仅仅只有依靠鲜艳的色彩才能实现。

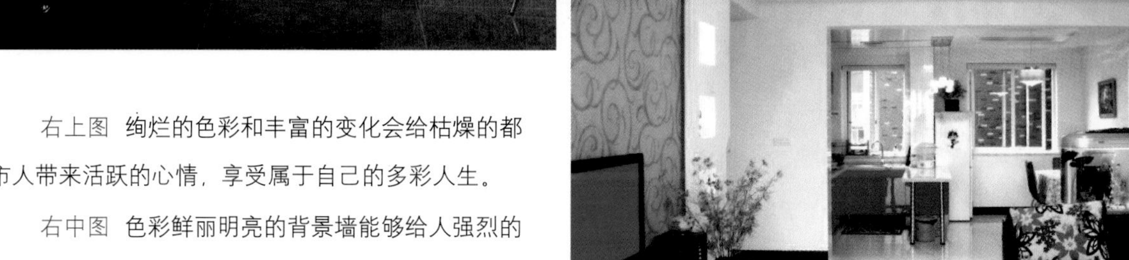

右上图　绚烂的色彩和丰富的变化会给枯燥的都市人带来活跃的心情，享受属于自己的多彩人生。

右中图　色彩鲜丽明亮的背景墙能够给人强烈的视觉效果，改变房间的整体风格。

小贴士

润肤霜的作用无可替代，那就表示即使什么感觉都不追求的人，也会要一份超级的舒适在家里。所以，身体可以接触到的柔软，眼睛可以看到的鲜艳舒缓，耳朵听到的悠扬婉转，都可以成为家居的首选良方，与流行因素比永远不会落后。

右上图 镜面的玄关尽头是如此耀眼的图画，让整个走道空间都动了起来，艳丽的色彩吸引了所有的视线。

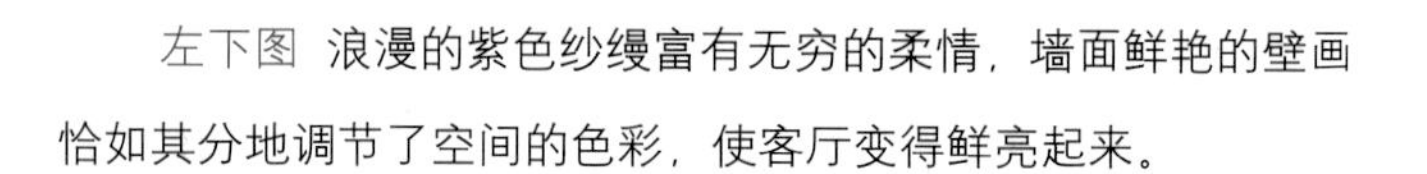

左下图 浪漫的紫色纱缦富有无穷的柔情，墙面鲜艳的壁画恰如其分地调节了空间的色彩，使客厅变得鲜亮起来。

左上图 对于追求平淡的人来说，绚烂的装饰也许只是对空间的一种点缀，就如这精致客厅中的几许红色，毫不张扬地点缀着空间色彩。

左中图 整个客厅虽然不是色彩艳丽，但因为玻璃与金属的使用，加上灯光的布置效果，让空间拥有了绚烂的风情。

小贴士

天然织物的光泽和手感与散粉极为相像，不刺激，不张扬，只有在接触到的时候才能体会天然纤维那略有一点点粗糙的顺滑质感。它在家中可以掩盖家具的不细致，过度明亮的光，使有点张扬的气质得到平衡。无论到何时，天然的纤维永远会在时尚之地立足。

左上图　田园与现代风格的结合，搭配上形式各异的沙发靠垫，还有绿植的点缀，让客厅空间拥有了鲜艳明快的多变色彩。

左中图　带有田园风情的空间往往不缺少色彩的变化，鲜艳的布艺沙发与绿植一起演绎出自然风光的多姿多彩。

左中图　现代的空间中因为有了两盏别致的吊灯而多了几分炫目的光芒，深浅的家居色调对比也能够起到色彩的变化，增强空间的层次感。

右中图　小小的空间通过多姿多彩的沙发靠垫而拥有了极其强烈的鲜亮色彩，让小空间充满了活力。

右下图　对于不大的空间，透明家具的使用能够在满足使用功能的前提下，突出空间的风格特点。

左上图 绚烂的空间并不一定是大红或者大紫，如同这含蓄的背景设计，俏皮的色彩点缀，同样营造出一个绚烂的空间。

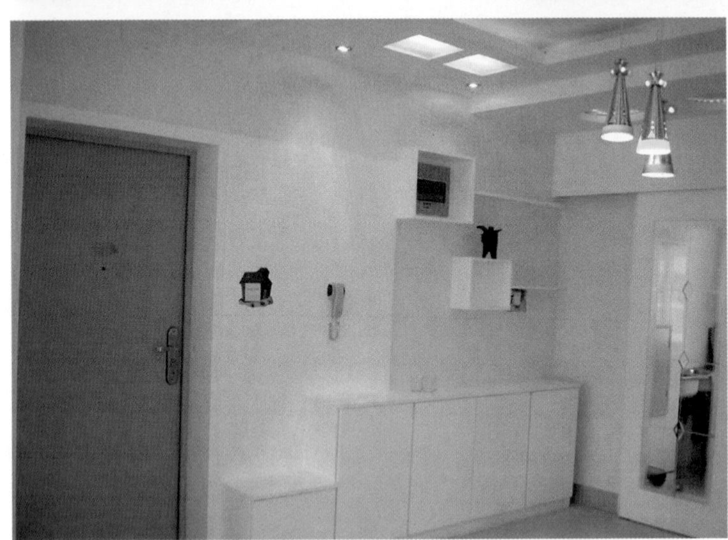

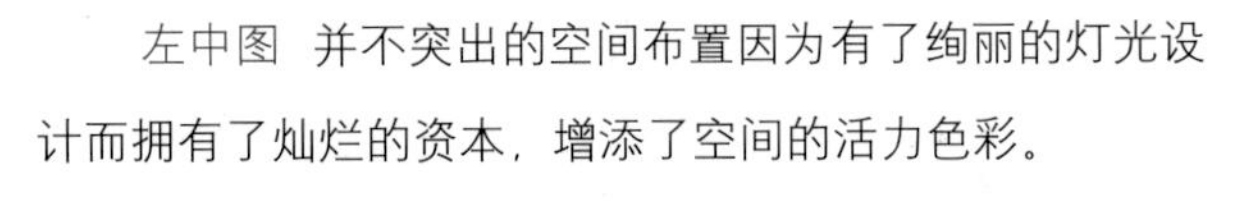

左中图 并不突出的空间布置因为有了绚丽的灯光设计而拥有了灿烂的资本，增添了空间的活力色彩。

右下图 黑白色的经典搭配，只要配上恰如其分的灯光，也能营造出令人惊叹的灿烂效果。

右上图 中国传统风格与现代使用功能的完美结合，没有特别鲜艳的色彩，丰富的客厅布置让空间拥有了绚烂的表情色彩。

右中、右下两图 走道等狭小空间装扮的有效手段就是壁纸与壁布的使用，再搭配一些小的装饰，能够起到很好的丰富色彩的作用，同时也能有效地统一空间的整体性。

小贴士

家饰败笔1：大面积吊顶。吊顶最大的用途是遮蔽房顶上难看的设备层。如果您家的天花板上没有纵横交错的管线，而房间又不高，大可不必做大面积的吊顶。而采取局部吊顶以及天花板四周吊顶，中间留灯池的手法，既活跃了气氛，又不至于感到压抑。

左上图 通透的大落地窗保证了空间的充足采光，也让略有些狭小的客厅能够拥有绚烂的自然空间感觉。

右上图 稳重的深紫色与翠绿的绿色一起将客厅空间装扮的犹如世外桃源，少了一份繁杂，多了一份宁静。

右中图 妙曼的窗帘让空间的光线收发自如，布置了壁灯的吊顶与吊灯能够提供一个多彩的夜间环境，而欧式的家具则让客厅多了一份华丽。

左下图 丰富多彩的空间色彩应用，让整个客厅空间都充满了色彩的变幻，空间也随之被无形地分割开来，人在其中，仿佛游走于不同的多个空间一般。

小贴士

家饰败笔2：墙裙。目前，城市家庭居室面积都不大，一间房往往要摆许多家具。这些家具会遮挡大部分墙壁，所以人不大可能会接触到墙壁。在这种情况下，墙裙就完全失去了原有的作用，更起不到装饰作用。

右上图 欧式家具的色彩艳丽在这里得到了很好的体现，鲜艳的沙发布面与镶金边的桌椅无不描述着空间的雍容华贵。

左中图 古典的欧式家居，搭配华丽的地毯与布艺，让客厅显得高贵而典雅。

左上图 巨大而集中的布艺窗帘将客厅包裹在了条纹的彩色世界里，宽大的欧式沙发同样采用鲜艳的色彩，就连茶几的支架也是花样倍出，极其华丽的欧式客厅空间。

左中图 往下俯瞰，首先映入眼帘的就是这艳丽的地毯还有墙面背景，两大块的色彩主导了这个古典欧式客厅的全部韵味。

小贴士

家饰败笔3：窗帘盒。窗帘盒是与窗帘轨配套使用的，目的是挡住不美观的帘轨。窗帘轨因为质量不稳定，所以日渐被各种窗帘杆替代。窗帘杆本身就具一定的装饰作用，如果再使用窗帘盒，就有点画蛇添足了。

右中图　中规中矩的客厅因为有了明亮而清新的家具点缀，从而拥有了一份跳跃的靓丽感觉。

左下图　灯光永远是营造绚丽效果的最佳手法之一，一盏绚烂的水晶吊灯，搭配着其他辅助灯光，小小的客厅顿时灿烂起来。

上图 很简单的一个背景墙设计让空间竟然拥有了意想不到的绚烂感觉，墙面装饰品与绿植也起到了很好的烘托作用。

左下图 复古的欧式空间布置，少了一份时尚的金光灿烂，多了一份古典的雍容华贵，空间的色彩通过布艺与吊灯的烘托而显得绚烂无比。

右下图 将酒店才有的大理石地面搬进私家空间中，虽然没有酒店的金壁辉煌，但也拥有了一份大气的空间色彩。

左上图 如果不愿意享受略显笨重的宽大沙发，可以选用现代风情的短绒沙发，整个空间呈现出的是一种暖暖的暧昧色彩。

右中图 大气的真皮沙发与布艺坐垫在灯光的映射下，显得无比的雍容华贵，对于喜爱华贵感觉的人来说，这种布置无疑是最唯美的空间色彩。

小贴士

家饰败笔4：门套。设在门框四周的门套起着装饰门和门框的作用，并可以和墙壁装饰相呼应。但在家庭中，这种装饰手法容易给人杂乱无章的感觉，尤其在小房间中更是如此。

左上图 全木质的家具布置在色彩与灯光的作用下，竟然也拥有了十分灿烂的效果。

右上图 顶面与墙面的相互映衬使用餐环境也变得非常富有层次，增添了空间的立体感。

右下图 一面别出心裁的背景墙设计让餐厅变得绚烂无比。

右上图 如果没有这盏华丽的水晶吊灯，整个餐厅也就没有了绚丽的源泉。

左中图 温馨的小空间，因为色彩上的点缀而富有活力，不能说它拥有靓丽，而是在生活的气息中拥有了一些美丽的生气。

小贴士

超越流行要依靠那些真正让人感到豪华舒适的帮手。比如名师设计的躺椅沙发，货真价实的纯橡木地板，高级品牌的家具灯饰等，虽然价格不菲，但是随着时间的推移，不管其他的东西怎样更换，这些经典之作依旧会成为提升整个空间的最佳法宝。

左上图 通过储物柜的色彩变化，餐厅空间便拥有了一份浓厚的色彩。巧妙的是，两个柜之间嵌入了一个白色的单门储物柜，整个墙面的布置非常富有变化。

右中图 空间的绚烂也许并不需要费那么多的心思，简简单单的一面大红墙面背景就让整个餐厅都有了鲜艳的色彩。

左下图 色彩斑斓的挂画映衬着通透时尚的玻璃餐桌，藤制的桌台上面的装饰品带来了浓浓的东南亚风情，餐厅的色彩感非常浓厚。

小贴士

环保指标最重要的一个数据是甲醛含量，一般家具检测报告都有两个环保指标——制品环保和成品环保指标，制品甲醛含量指的是单纯的板材环保指标，而成品甲醛含量指的是该种板材做成家具后的环保指标。换句话说，“制品指标”合格只是说材料合格，只有“成品指标”合格了家具才是环保的。

右中图 看起来非常简单的装饰手段，收获了一个异常绚烂的餐厅空间，地毯的鲜艳是其效果浓厚的主要因素。

右下图 欧式的餐厅空间中，除了经常出现的挂画外，鲜艳的地毯也是其色彩的来源之一，华丽的家具与众多浓厚的色彩往往让欧式的餐厅从来不缺少色彩的丰富变化。

右上两图 墙壁的色块点缀，木质的欧式桌台，漂亮的铁艺餐椅，当然也缺不了耀眼的吊灯，无论从色彩还是造型上，空间都被绚烂所包裹着。

右中图 靓丽的布艺装饰，精致的吊灯，还有不可缺少的油画与小装饰，后来的装饰可以将一个平淡的空间变得无比鲜艳起来。

左下图 金黄的灯光下，整个用餐空间因为灯光的照射而显得十分灿烂，华丽的欧式家具也起到了很好的烘托作用。

左上图 对于喜爱乡村情调的人来说，色彩的应用无疑是最为得心应手的，花纹布艺，木质家具，还有壁纸、绿色植物，将自然的乡村景色搬进家中是其终极目标。

右下图 故意黯淡下去的色彩给我们展示出了一个带有复古风情的空间，所有的色彩都似乎带有淡淡的古韵情怀。

小贴士

墙面、地面是房内最大的面积，它们的色彩应同家具的色调相近，地面色彩应稍深于墙面。除了选择一种颜色作为房间的主色调外，还需要有一些小的细节变化，这样能令空间丰富而有层次。一般如果不是对特殊颜色有特殊喜好，最好还是首先考虑选择淡黄、淡红等暖色调进行装修。

左上图　无可挑剔的绚烂空间，鲜艳的红色，精致的餐桌还有灿烂的顶面布置，唯一不足的是，在这样的环境中用餐，你会忘记了生活，一切都太过精致。

右上图　漂亮的弧形灯光设计，一下子让空间拥有了绚烂的感觉，大大提升了整体空间效果。

左下图　精致的吊灯下，玻璃的餐桌与壁柜，现代感十足的餐椅与金属支架，再典型不过的现代风格陈设，因为有了黄色窗帘与墙面背景墙的映衬，而拥有了美丽的色彩变化。

右上图 鲜艳的桌布是餐厅空间主要的色彩来源，墙壁嵌入式的壁灯则给空间带来了炫目的光线，不大的空间搭配的精致而靓丽。

小贴士

可以喝的涂料并不能证明产品“无害”。因为涂料的有害物质是在气体挥发后通过呼吸道进入血液的，而进入消化道则难以显现危害。同样将涂料涂于鱼缸内壁，用金鱼的游动证明无害，也是一种做秀罢了，因为涂料中的有机物不溶于水，对水中金鱼不存在影响。

左下图 很普通的一个餐厅空间因为有了火红色餐椅的点缀而拥有了绚丽的色彩，而别致的吊灯则是点亮整个空间的点睛之笔。

左中图 厨房空间中的立面全部被装饰起来，无论是黑白的花纹背景还是方格的瓷砖背景都给空间带来了丰富的变化，使厨房空间不再单调。

左下图 嫩绿的装饰品映在晶莹剔透的玻璃墙面上，搭配着色彩鲜艳的餐桌椅，让空间显得既轻快又富有色彩的美丽。

小贴士

七零八碎的东西收拾起来颇为头痛，永不过时的收纳家具对于喜爱整洁的主人来说，是必不可少的配置。完备、整齐的收纳柜可以让所有零星“打工”的物件整齐划一，不用时自然消失。

右中图 对于生活中的我们来说，扮靓厨房的简单手段就是给橱柜来点颜色，大面积的鲜艳或者漂亮的图案都将给生活带来不一样的享受。

左下图 冷竣的厨房组合套件在灯光的映射下，显得既现代又时尚。

左上图　镜面家具的使用能够让灯光的效果发挥到极致，增强卧室空间的绚烂色彩。

左中图　带有个性色彩的空间利用鲜艳的红色来打破空间的冷竣色调，同时也营造出一个丰富多彩的个性空间。

下图　原本并不起眼的卧室空间，因为有了顶面壁灯的映衬而拥有了靓丽的色彩。

右上图 复古风韵的家具后面是梦幻般的墙面背景，现代都市的生活注定是璀璨多彩的，与中规中矩的家具对比起来，空间的时尚与绚烂表现得淋漓尽致。

右图二 深色的空间色调中是整面妖娆的玫瑰红，配合窗帘的色彩，空间就成为了红与黑的斗艳场所，当然不可缺少的白色则将效果烘托得更为明显。

小贴士

间歇通风防潮。梅雨天把上风方向的门窗关闭，只开启下风方向的门窗，以减少水汽进入室内。待天气转晴时，可打开所有的门窗，以加速水分蒸发。中午，外面的空气湿度处在最高值，不宜开窗，应在下午或傍晚，气候相对干燥的时候，开窗调节室内空气。

左上图　一袭浪漫的纱缦，一盏朦胧暧昧的台灯，再加上纱缦后面壁灯照射出来的缥缈的效果，没有过多的色彩使用，却拥有了最为绚烂的卧室空间。

右上图　深色的卧室空间中，妙曼的窗帘成为了床头的背景墙，泛着蓝光的紫色也给卧室增添了不少靓丽的成分。

右下图　布艺是最方便快捷的"染色剂"，试着改变一下一成不变的卧室空间，一如这袭妖娆的纱缦，你也能够收获一个意想不到的绚烂空间。

左下图 碎花不仅仅是田园风格的专有，也是点缀空间，营造灿烂效果的有效手段。

右下图 古典传统的卧室布局并没有沿用一般的空间布置，反倒是吸取了众多影片中才有的效果元素，将卧室打扮得极富古典神韵。

小贴士

蕾丝洗涤。蕾丝饰品洗涤时需低温手洗；洗涤时需要将蕾丝放在洗衣袋中，避免被其他衣物钩住；以中性清洁精洗涤，不可使用浓缩洗衣液、漂白剂等清洗剂，否则会影响颜色的稳定度；洗完后以低温的熨斗将花边烫平，蕾丝的延展性才会好，也可保持蕾丝的花样不扭曲变形。

左上图　条纹的窗帘与床罩固然给空间增添了众多的色彩，而如果没有这璀璨的吊灯映衬，其效果也会大打折扣。

左中图　空间中采用淡蓝色营造出一份悠然的氛围，对比并不强烈的色彩给人一种舒适、丰富的生活享受。

左上图 色彩浓厚的大床，靓丽柔情的窗帘还有别致的吊灯将卧室装扮得既柔情又给人一种惊艳的感觉，床头的背景与壁灯设计是整个空间的点睛之处。

右上图 有人说大理石花纹是最为绚烂的自然原色，那么在这么靓丽的色彩旁边，靠着柔软舒适的躺椅，看着窗外美丽的景色，是不是生活中的一种奢侈呢！

小贴士

家装销售术之"特价套餐"。特价套餐是常见的一种促销形式，主要以优惠价格来促销组合商品。但是大多数家装套餐都是基本款式、缺乏风格个性。所以，除非您对新家没有太多时尚追求，奉行"能用就行"的理念，否则，还是不要因小利而将来后悔。

右上图 通过鲜艳的布艺来增添空间的色彩气氛，避免深色调给空间带来压抑的感觉。

左中图 使用皮质家具的卧室，床头柜等家具的选择必须是厚重的深色调，如果出现了现代感强烈的家具就会破坏空间的整体氛围。

右下图 厚重的皮质家具给人雍容华贵的感觉，对于喜爱皮革追求奢侈享受的人来说，最极致的，才是最灿烂的。

右上图 少女的闺房被布置得十分甜蜜可爱，女孩最爱的红与白在这个空间中衍生出了众多的不同色彩。

左下图 儿童房永远都应该是色彩十足的空间，而众多的色彩应用也能让儿童的生活空间多姿多彩与充满童趣。

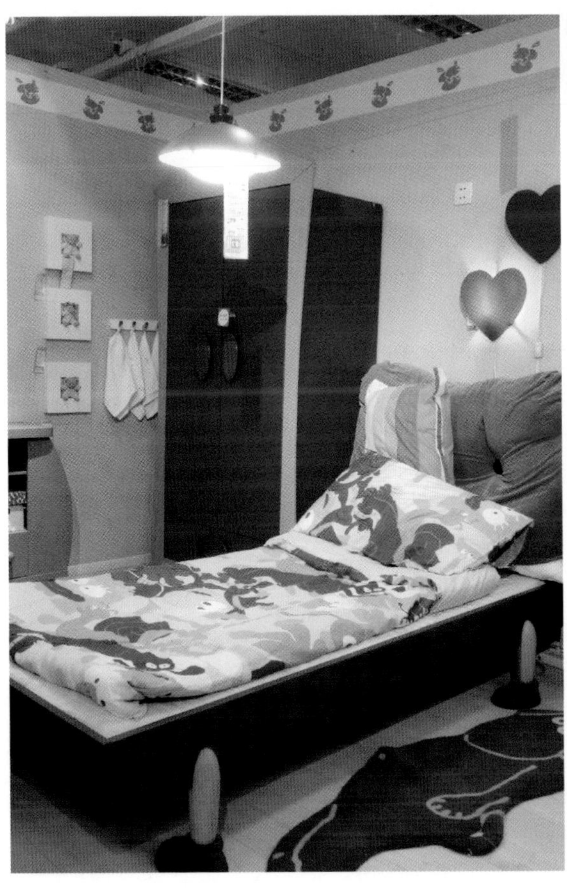

小贴士

家装销售术之“限时抢购”。有的商家推出限时间段的低折扣活动，看起来确实诱惑不小，只是限时抢购中有些价格坚挺的知名产品并不在活动之列或折扣相对较小，而且受时间限制，我们往往会忽略对质劣产品的审视，得不偿失。

上图 古典并不意味着千篇一律的深色调，适当的利用软装饰平衡一下空间的色彩，能够避免深色调给卧室空间带来的沉重感。

右中图 整个卧室布置的华丽而大方，仿佛一位贵夫人般的高雅，透过墙面的反射，整个卧室空间从灯饰到软装都布置得非常绚烂而不乏柔情。

左下图 卧室被装扮得犹如独立于整体空间之外的花园景色，整个空间绚烂无比。

右上图 粗犷的乡村风情卧室，少了些许鲜艳色彩，多了一份自然的清新与靓丽。

左中图 精致的欧式卧室空间，繁复的壁布装饰，镶金的家具再加上顶面壁灯的映射，整个空间都彰显着一种华丽与绚烂。

小贴士

家装销售术之“购物抽奖”。从传统的实物抽奖到现在的折扣抽奖都是游离了产品自身，而把抽奖当成一种附加价值，无形中转移了对质量、价格、服务、环保等核心价值的关注。

上图　非常简单的卧室空间因为靓丽的床单与可爱的玩具而带来了色彩与空间整体活力的提升。

左两图　以木质色彩为基调的空间，通过大块的红色背景墙与鲜艳的布艺或饰品来获得绚烂而充满活力的卧室空间。

左上图 不需要再用言语来表达空间的色彩应用了，对于年轻人来说，淡雅一点的色彩能够为空间提供一个多彩而又清新的环境。

小贴士

家装销售术之“购物返券”。过去商家最常用的销售手法，常常伴随着一堆的限定条件，往往使顾客筋疲力尽，最后仔细核算每件商品的折扣，似乎还没有其他卖场的低。好在，政府已经明令禁止了商家的这种“障眼法”。

右上图 鲜艳的红色占据了卧室的主要色彩地位，浪漫的紫色与清新的绿色都给了空间很好的色彩烘托。

左上图 将自家的卫浴间装扮成如酒店般豪华与大气，自然不缺乏绚丽与时尚。

上中图 绚烂不仅仅是客厅、卧室等大空间的专利，对于追求时尚的现代人来说，一个绚烂的靓丽卫浴空间往往是他们追求时尚与前卫的代表。

右上图 略为复古的卫浴空间因为有了几许鲜艳的色彩点缀，而收获了不少靓丽的感觉。

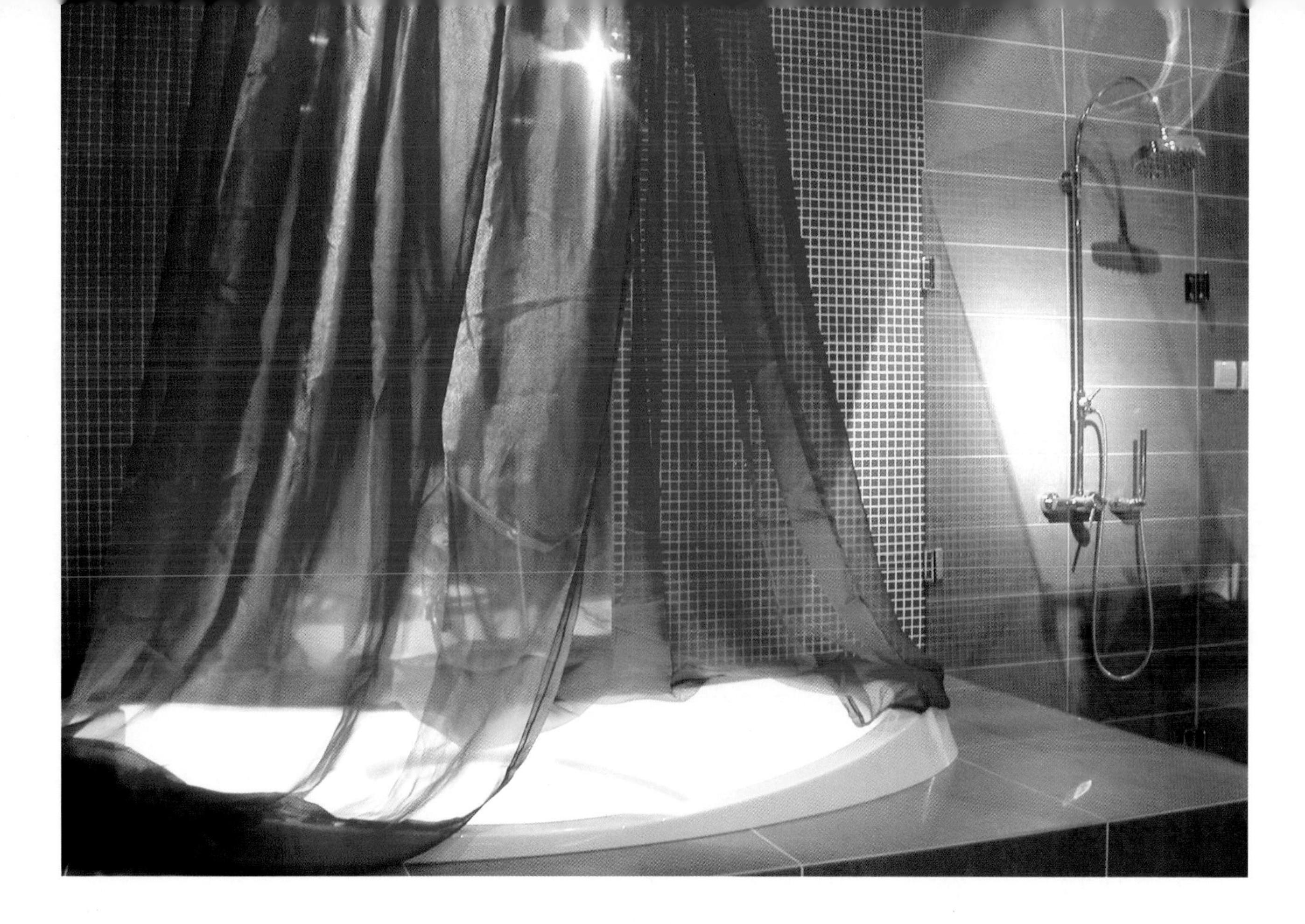

上图　一袭鲜艳的火红纱缦给整个卫浴空间平添了鲜艳的色彩，原本平淡的空间也因此而充满了活力。

右下图 大理石的花纹永远是一部分人的最爱，不用做过多的修饰，只需要把空间中布满喜爱的纹理，空间自然也就绚烂起来。

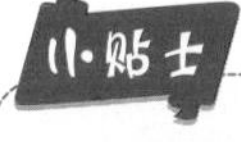

家装销售术之“直接折扣”。直接折扣是最受消费者欢迎的促销方式，简单直接的优点最为鲜明。但在方便实惠的背后，难免会有限制。知名品牌产品，直接打折的机会越少，而更倾向于统一零售价。因此，过分采取打折手段的往往是知名度较低的品牌。

左上图 简简单单的一面马赛克墙面装饰就让整个空间都拥有了斑斓的色彩，为了与卫浴的古典风情相搭配，装饰也选用了并不突出的色彩对比。

左两图 马赛克瓷砖近来越来越受到人们的追捧，工艺的进步使其焕发出了新的生命，而其简单易行的特点也为卫浴空间带来了越来越多的色彩变化。

右上图 不仅是外部空间采用了靓丽的绿色，卫浴空间也采用了对比强烈的马赛克装饰，让空间显得鲜艳而富有变化。

小贴士

装饰应根据居室的环境、气氛及房主的意图进行布置。装饰布置要视空间尺度、通风采光的自然联系，以及其悬挂和放置点的空间环境构图原则。装饰布置大致有点缀法、垂吊法、分隔法、引借法和陈列法等手段。

左中图　丝毫没有任何鲜艳的色彩，却同样光彩夺目，中性色调也可以营造出精致灿烂的效果。

下图　如此高大的绿植竟然也被置放在卫浴间，点缀在"石材"背景之中，格外引人注目。

右下图 清新的木质色彩，绚烂的壁画与布艺地毯，让空间从不缺少色彩的靓丽！

左上图 书房也绚烂，精致的欧式家具搭配璀璨的吊灯让空间充满了贵族的气息，深色的窗帘与地板色彩相呼应，起到烘托整体效果的作用。

左下图 对于快节奏生活的都市人而言，没有那么多的精力去细细装点空间，获得绚烂色彩的最好办法就是通过大块的色彩对比来实现，如家具、墙面的色彩对比等，效果一样不错。